HAPPY HALLOWEEN

this book belongs to

○ ○

I SPY AND COUNT

Happy Halloween!

SPY

color me!

color me!

SPY

BOO!

color me!

color me!

I spy and count

How many cats?

Happy Halloween!

A	I	R	X	A	V	R	Q	L	Z
K	M	L	O	L	L	I	P	O	P
Z	E	Q	H	B	Y	D	Y	F	A
B	I	G	M	A	Y	T	F	C	H
F	R	P	G	T	C	P	L	E	G
E	R	P	Y	B	A	P	N	Y	Y
C	K	O	P	Y	T	P	H	E	K
D	X	Y	Z	K	L	C	C	M	O
D	U	T	G	H	O	S	T	S	W
T	O	E	P	U	M	P	K	I	N

bat

cat

eye

ghosts

pumpkin

lollipop

color me !

I SPY AND COUNT

Happy Halloween!

SPY

W	P	U	M	P	K	I	N	E	K
C	N	N	L	E	C	B	X	G	R
Z	P	K	U	E	Z	A	F	L	E
Y	T	S	F	S	X	V	N	X	A
U	W	P	J	K	T	M	W	D	I
E	T	I	E	N	L	X	U	A	Y
E	C	D	T	N	G	H	O	S	T
H	T	E	X	C	Y	Y	E	T	I
Y	L	R	E	K	H	Q	R	N	D
H	N	W	Y	N	S	B	P	L	U

pumpkin

ghost

candy

spider

witch

Happy Halloween!

I SPY AND COUNT

Happy Halloween!

Happy Halloween!

Happy Halloween!

Happy Halloween!

Happy
Halloween!

N	S	X	H	G	I	M	X	O	A
P	P	C	A	R	X	H	P	V	D
U	I	G	L	Q	H	L	Y	U	F
M	D	H	L	Q	S	V	O	I	G
P	E	O	O	G	L	K	D	H	M
K	R	S	W	A	G	V	U	O	Q
I	S	T	E	G	Y	V	K	L	B
N	Y	S	E	O	G	K	X	I	L
Y	M	M	N	L	L	Q	K	W	X
B	R	A	F	Q	D	W	V	E	W

halloween

skull

spiders

ghosts

pumpkin

Happy Halloween!